未来科学家培养计划
科学启蒙·探索·研究系列

- NEW物理探索 走近力声光电磁 -

闻声起舞

主 编 关大勇 吴於人

编 写 邹 洁 姚黄涛 黄晓栋 单 琨 来宇航 潘梦萍
徐小林 张 悦 李天发 高俊杰 江俊杰 严朝俊
沈旭晖 夏保密 赵 丹 张增海 邹丽萍

- 在潜移默化中接受科学研究基本训练
- 在不知不觉中学习鲜活的物理知识点
- 在战胜实验挫折中体验科学研究乐趣
- 在质疑探索、合作交流中感悟科学精神

复旦大学出版社

序言1 Foreword 1

物理学是最重要的基础科学，它不仅让人们认识“万物之理”，而且让人们学会认识事物的思维方法，这是一切物质科学的基元科学。离开了物理学，就没有电子信息技术、没有光学工程技术、没有材料工程技术、没有机器制造技术等。用一句话来说，没有物理学就没有现代工业技术，也没有现代社会。物理学要从小就学起来。

我手中看到的是一套物理教育书稿：有4册《NEW物理启蒙　我们的看听触感》为小学生而写，旨在让孩子们通过自己的感官，实践科学探索；另有4册《NEW物理探索　走近力声光电磁》为中学生而写，希望中学生在正式学习物理课程之前感受物理的魅力、养成研究的习惯。

这是一套有特色的书。不少物理知识的学习是从玩具和新奇现象切入，引发孩子们的兴趣，然后引导孩子通过科学探索，寻找规律，玩出花样，玩出感悟。书中的很多有趣现象对于小学生、中学生和大学生，都可以发掘到适合自己的研究课题。根据学生的年龄特点，这套书中设计了不少有效激励的游戏和竞赛；鼓励挑战权威，敢于质疑；内容传承经典，又与前沿交融；研究中和研究后均注意鼓励文字记录和表述，以及语言的相互交流。

看到书中有趣的物理玩具，不禁使我想起自己的少年时代。我曾是一个喜欢物理的学生，喜欢做实验，喜欢捣鼓自己的创意小制作。兴趣真是好老师！

当今科学技术日新月异，教育技术也随之改变。在上海这样的大城市，传感器数据采集实验系统、电子书包、微课程平台，以及VR和AR等现代技术的影子相继在学校出现。科学技术的提升，家庭生活的改善，使孩子们玩电子产品驾轻就熟。显然，一方面是“天高任鸟飞，海阔凭鱼跃”，国家教育的投入越来越多，孩子们的学习环境越来越好；另一方面是“机器人抢饭碗”“未来的竞争更为残酷”，这样的说法让家长们人心惶惶。所以，未来社会非常需要的研究型人才、创新型人才、工匠型人才，如何才能有效地进行培育？教师和家长又该如何进行引导、言传身教？课堂教育和课外活动如何给予学生高尚理念、家国情怀？学校和社会如何给予青少年更多发展空间，更好地培养他们未来展翅飞翔的潜能？这才是最重要的。

不久前，FAST这个我国自行研制的世界最大单口径(500米)射电望远镜，在调试阶段已探测到数十个脉冲星候选体；“墨子号”在国际上率先实现千公里级量子纠缠分发；中国的北斗星导航系统已是我国国防不可或缺的坚固保障，同时也撑起了一片创新生态。据报道，谷歌的AI子公司DeepMind研发的AlphaGo Zero可以自学，经过3天的自我对局，Zero变得足够强大，可以一举击败原来版本的AlphaGo。一项项改变未来、改变我们生活的现代技术让我们享用，让我们大开眼界。应该明白，这些技术的发展依赖科学理论的支撑和科学的研究方法，依托有不断学习精神和学习能力的人的发明创造。

这套书的作者希冀借助物理研究方法的启蒙，培育青少年的物理思维能力和发明创新潜能。物理可以视为自然科学的核心，视为新技术源源不断的源泉。物理图景探索、物理技术运用和物理研究方法已经渗透各行各业。所以，青少年学生和家长不要害怕物理，而是要尝试喜欢物理，并积极主动学习物理。培养物理思维能力，会让你受益终身。

物理其实不难，非常生动有趣；物理世界的图景令人豁然开朗，可以在实际中运用。喜欢物理的同学，或是被物理的神趣和挑战所吸引，或是在物理学习中体验到成功和登高远眺的境界。这套书努力让读者感受物理，让读者亲近物理。希望孩子们有越来越多的机会沉浸在能够激发学习兴趣、激发探索潜能的学习环境中。这套书对教师们来说更是任重而道远，要努力探索，让学生掌握课程的知识点并熟练运用，培养学生热爱物理，激发学生终身学习的动力和培养学生终身学习的能力。

中国科学院院士

2017 年 10 月于上海

序言2 Foreword 2

长期以来，同济大学的大学物理教师一直在探寻更为有效的物理育人方法。在课程设计中强化实践探索，努力为学生构建可引导自主研究的学习环境。五彩缤纷的物理演示实验、物理探索实验、物理仿真研究计算机系统，以及物理研究课题竞赛等软硬件系统建设，均对学生研究能力的提高起到了积极推动的作用，也取得了一系列教学成果。10年前，同济大学在上海市科委和上海市教委的支持下，成立了上海市青少年科技人才培养基地——同济大学物理实践工作站，将注重实践的理念运用于青少年科学素养培育中，将物理的有趣和神奇、物理的无所不在和推动社会发展的力量展现在大家面前，激励了许许多多的青少年。

现在，曾经的同济大学物理实践工作站创建人——一位热心的退休物理教师和当时工作站的副手——一位同济毕业的物理博士将此教育理念继续发扬，创建了“未来科学家培养计划”系列课程，研发着“科学启蒙・探索・研究”系列教材，在此对即将出版的这套丛书表示祝贺。

物理学是人类文明和社会发展的基石，它所展现的世界观和方法论，深刻地影响着人们对物质世界的基本认识、人们的思维方式和社会生活。物理学的学习，对于人们树立科学的世界观、增强分析和解决问题的能力、培养探索精神和创新意识等，具有不可替代的作用。同时，物理学发展至今所创建的科学体系又是如此的优美，它所体现的系统性、对称性和多样性等使之精彩纷呈、奥妙无穷，激励着无数有志青少年孜孜学习和探索。

如果将物理学习的过程比作攀登智慧的高峰，则从概念到概念、从公式到公式的传统教学方法，往往会将学生引入一条乏味的登山之路，使学生难以体会攀登的乐趣，产生厌倦和难学的错觉。如果我们稍微关注一下物理学的发展历程，就不难发现物理学是一门起源于实践和探索的科学，物理学家对自然规律的认识过程是一个不断探索、发现、总结、质疑、试错、再探索的过程，并由此获得新知识、掌握新方法、成就新未来。这一过程尽管充满困难和挑战，但每一个新的困难和挑战均意味着又一段新的精彩旅程，可谓风景这边独好。

玩具中有物理，乐器中有物理，生活中有物理。有的现象有趣，有的现象很炫，有的现象神奇。这套丛书就是让同学们感受物理探索和研究的乐趣，并通过与学习同伴的合作和竞争，体验物理魅力，提高物理素养，感悟科学人生，成就未来发展。

教育部高等学校大学物理课程教学指导委员会主任

顾牡

2017年10月于同济大学

前言 Preface

“NEW物理探索　走近力声光电磁”是一套中学生朋友一定会喜欢的物理科学探索丛书。作为一套适用于科学拓展课、兴趣课和探索课的教材，书中的很多研究是开放性的，是充满挑战的。上海市教育评估协会对这套教材所对应的课程组织了评估，肯定了课程设计和建设的科学性和先进性。引入该课程的学校逐年增多，课程在学生中大受欢迎。

基于神奇的物理现象及其应用，丛书中反映的课程吸引学生步步深入，情不自禁地在潜移默化中接受科学研究的基本训练，在探索有趣的未知中学习物理知识，在不断克服困难、战胜挫折中体验研究的乐趣，在认真体会科学家的研究精神中感悟做人的道理。

丛书主编长期从事青少年科学素质教育及创新意识启迪的研究工作，并有丰富的教学实践经验，因而书中处处彰显引导的魅力，一步步引领着学生深入地探索科学。学生读书的过程就是科学研究的过程，就是在科学家的道路上跋涉成长的过程。

很多家长生怕孩子学不好物理，哪怕是中学在八年级才开始学习物理，家长们还是在孩子六年级时便把他们送进各类物理补习班、提前学习物理。如果这类提前学习是基于应试教育的，对孩子自身学习兴趣的培养及学习习惯的养成就会有很大的副作用。而我们的这套教材则不同，着重于激发学习兴趣，教授学习方法，引导学生自己通过实验总结科学规律。丛书涉及的物理知识与中学物理教科书中的内容不完全相同，教学过程则完全不相同。学生在将来学习中学物理时，不会因为学过而对物理学习失去兴趣，而且还会自觉利用本课程的学习思路去分析问题，这将有利于透彻理解和正确应用物理知识。

丛书共有4个分册，分别是《力所能及》《闻声起舞》《光影绚妙》和《电磁之交》。我们建议从初中预备班开始，将丛书作为相关创新实验室的拓展教材或者科学类选修课教材，高中生甚至相当优秀的高中生也值得将研究丛书内容作为自己研究物理、尝试STEM研究模式的学习过程。也就是说，学生从初中到高中，这套丛书可以源源不断、步步深入地给予学生启迪。

如果学校没有开设这类课程，对孩子有信心的家长和敢于挑战的同学，也可以和这套丛书“做朋友”，自学自研书中有趣的物理内容。丛书主编也十分希望能通过网络、移动通讯、各种活动等机会和大家做朋友，一起探讨科学问题。

丛书由智勇教育培训有限公司“未来科学家培养计划　科学启蒙·探索·研究系列”编写团队和上海师范大学物理课程与教学论、学科教育(物理)专业的研究生共同编写，参加编写的有邹洁、姚黄涛、黄晓栋、单琨、来宇航、潘梦萍、徐小林、张悦、李天发、高俊杰、江俊杰、严朝俊、沈旭晖、夏保密、赵丹、张增海、邹丽萍。书中没有注明出处的图片大部分源自智勇教育、教师同行、亲友和历届学生们的提供，部分为CC0协议和VRF协议共享版权图，马兴村先生为丛书作了手绘图。在此向各位合作者一并表示衷心感谢！

编　者

2017年5月

目录 Contents

第2分册

闻 声 起 舞

导 语

声音的存在,对于听觉正常的人来说是习以为常的。当人们看到失聪者在日常生活中的种种不便和潜在危险时,同情之心常常油然而生。所以,声音会给我们带来便捷和喜悦,也会带来烦恼和痛苦,是我们正常生活中不可或缺的一部分。如果在网上搜索“无声世界”,可以发现一些名为《无声的世界》的文章,这些文章大多是描述如果世界无声,人们或将如何孤独、寂寞、无助和无奈;或将如何清净、安宁,更加关注视觉中绚丽的色彩和难以觉察的视觉细节。你可以想象“无声的世界”吗?

现在,我们要一起来研究声音。请告诉大家,你对声音,曾经有过哪些疑惑?

声音到底是什么?

声音是怎样发出的(图(a))?

声音是怎样传到耳朵里的(图(b))?

为什么每个人讲话的声音是不一样的(图(c))?

有没有听不见的声音(图(d))?

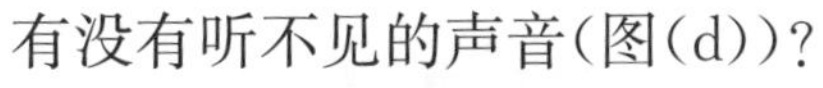

(a)

(b)

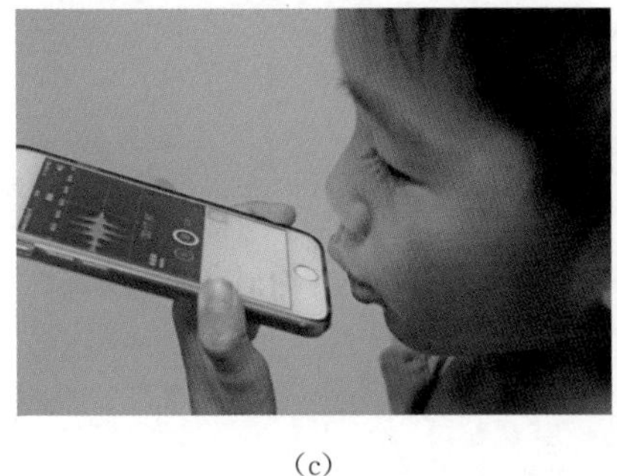

(c)

(d)

第5章

土电话的启迪

土电话是一种古老的兼具实用性和娱乐性的工具，曾为我们的童年带来无穷的乐趣。土电话制作简单，如图5-1所示，两个纸杯，一根棉线，即可轻松制成。虽然制作过程容易，但是它的原理可不简单。通过对土电话的学习，我们能学到声音从发出到接收的一系列知识。现在让我们一起动手制作土电话，并且从它入手来探究声音的奥秘。

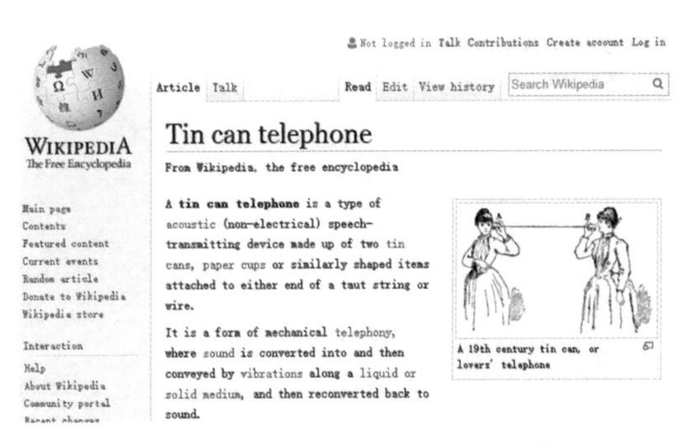

图5-1　维基百科上介绍的土电话

§5.1 研发土电话及土电话互联网

5.1.1　制作土电话

初识土电话

实验器材

两个纸杯，棉线。

实验步骤

按照图 5－2 所示的方法，制作一个土电话。

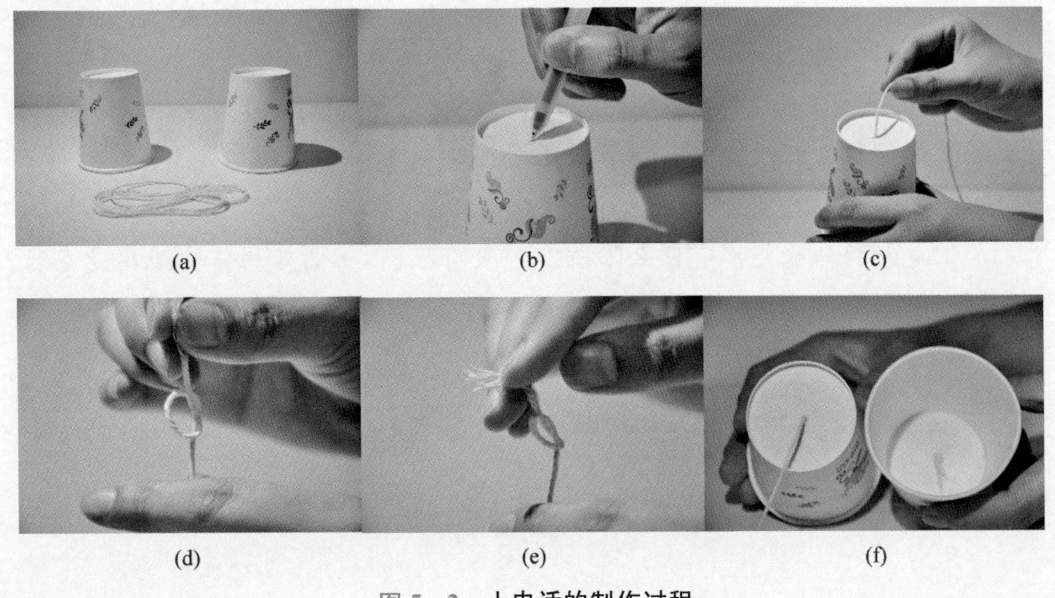

(a)　(b)　(c)

(d)　(e)　(f)

图 5－2　土电话的制作过程

请把制作步骤逐一记录在下面：

(1) ____。

(2) ____。

(3) ____。

……

实验结果

试用土电话，并记录土电话的工作情况。在使用中特别需要注意的细节，也请一并记录。

____

____

____

思考讨论

做完了土电话，也测试了它的传音效果，不知道同学们对土电话有没有疑问，例如下面的这几个问题：

(1) 如果不用纸杯作材料，而是改用塑料、玻璃甚至不锈钢的杯子能制成土电话吗？

(2) 一定要用棉线吗？可不可以使用金属丝、头发丝、弹力绳等其他材料呢？

(3) 棉线的松紧程度会影响传音效果吗？如果需要拐弯怎么办？

(4) 土电话的传输距离有什么限制？如果有限制，土电话的传输距离是多长？

……

带着上面这些问题，我们再来做一下“土电话实验 2.0 版”。

实验探索

土电话 2.0 版

实验器材

两个纸杯，棉线，笔，铜丝。

实验步骤

(1) 请将待验证的疑问写在下面：

a. ________________。

b. ________________。

c. ________________。

d. ________________。

(2) 请根据疑问设计实验内容：

a. ________________。

b. ________________。

c. ________________。

d. ________________。

实验结果

通过实验你观察到什么现象？这些现象能否解释你提出的问题？还需要做哪些改进？请大家相互讨论，各抒已见。

(1) ________________。

(2) ____。
(3) ____。
(4) ____。

5.1.2 土电话网络

同学们现在已经使用QQ、微信等社交通讯软件,这些软件除了能建立双人之间的信息通讯,还能建立多人群聊,极大地方便了人与人之间的沟通和联系。我们刚刚探究的是双人用土电话,能不能用它们建立一个土电话互联网呢?应该通过怎样的方式连接图5-3中的这几个土电话呢?不同的连接方式对土电话的传声效果有没有影响?请同学们带着问题开动脑筋、相互讨论,把你的设计方案画在图5-3中的圆圈里。

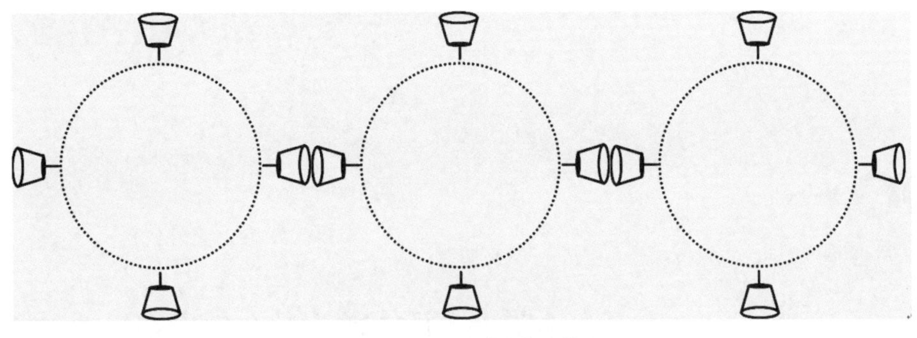

图5-3 土电话网络

如果方案设计完成,同学们就可以行动起来,制作一个土电话互联网。大家在享受土电话互联网带来乐趣的同时,别忘了深入研究要怎么做才能让这个网络里的通讯不被窃听,怎么做才能防止网络受到干扰?请同学们发挥自己的想象,改进这个土电话网络。

§5.2 分析土电话

同学们经过对土电话的探索,已经有了很多收获。那么,同学们知道土电话是怎么发声的?又是怎么传播到另一端的?我们的耳朵又是怎么听到传过来的声音的?现在就来深入探索这些问题。

我们先来介绍研究方法。分析一套装置,往往需要经历化整为零和聚零为整的过程。

化整为零是把装置上不同的功能系统找出来,分别进行研究,这样可以集中精力研究透彻。

聚零为整是在研究好不同功能系统后研究整体结构,可以进一步了解各部分之间的关系，把握全局。

对于土电话，你觉得应该如何研究？

5.2.1　声音的产生机制

声音是如何产生的？这恐怕是所有研究声学的人面对的第一个问题。下面我们还是从土电话入手。

思考讨论

(1) 请同学们观察土电话，分析土电话可以分成几个部分？哪一部分是声音的源头？

(2) 土电话的源头为什么能够发出声音？

(3) 如何用实验事实证明上面的回答，应该如何证明？

实验探索

实验1　用事实证明土电话声源为什么能发声

自己设计实验，证明土电话声源能发声是因为什么，声源本身材料是否有一定要求，等等。图5－4中这位同学的实验是否会对你有所启发？

图5－4　这位同学在研究什么？

实验器材

____

实验步骤

(1) ______________________________。

(2) ______________________________。

(3) ______________________________。

实验结论

(如果有若干条实验结论，应该有条理地用(1)、(2)、(3)等序号分开)。

(1) ______________________________。

(2) ______________________________。

(3) ______________________________。

实验2　研究音叉的发声机制

实验器材

音叉(tuning fork)，敲击锤，烧杯，水。

实验步骤

(1) 将音叉头置入水中1厘米左右，观察水面有何反应：

____

(2) 拿出音叉并擦干上面的水渍，用小锤敲击音叉使其发声。

(3) 停止敲击之后，仔细听音叉还会响吗？

____

(4) 如图5-5所示，将正在发声的音叉头置入水中，观察水面有何变化：

____

____

图5-5　音叉溅起水花

(5) 用力敲击音叉让声音更响，再放入水中，看看水面的变化：

____

____

(6) 发声的音叉置入水中与不发声的音叉置入水中时的现象相同吗？当音叉振动(vibration)[①]剧烈时，入水的现象又相同吗？为什么？

____

实验结论

____

____

____

思考讨论

(1) 同学们思考一下，为什么音叉在受到敲击后会发出响声？即便停止敲击后响声仍然存在？

---

① 振动：物体围绕平衡位置的往复运动。

(2) 除了将音叉放在水里,还有什么办法可以直观地看到音叉的振动?简述你的设计方案。

从上面的实验可以发现,不发声的音叉置于水中和发声的音叉置于水中的现象是有区别的,前者不会溅起水花而后者会溅起水花,这说明发声的音叉在振动。当音叉发出的声音更大时,水面出现的水花跳动也更强烈,说明声音越大,振动越剧烈。

通过上面的实验探究和对实验结果的分析,可以发现:发声的物体在振动!振动越强的物体发出的声音越响,振动停止后发声也停止。

由此得出结论:声音是振动引起的现象。

思考讨论

声音是由振动产生的,下面来分析图 5-6 所示的几个场景中声音是怎么产生的:

歌唱家唱歌时,是什么在振动?

弹奏小提琴时,是什么在振动?

风吹过竹林时听到的声音,又是什么在振动?

蜜蜂、蚊子等飞行时,都会发出“嗡嗡”的声音,这是怎么回事呢?

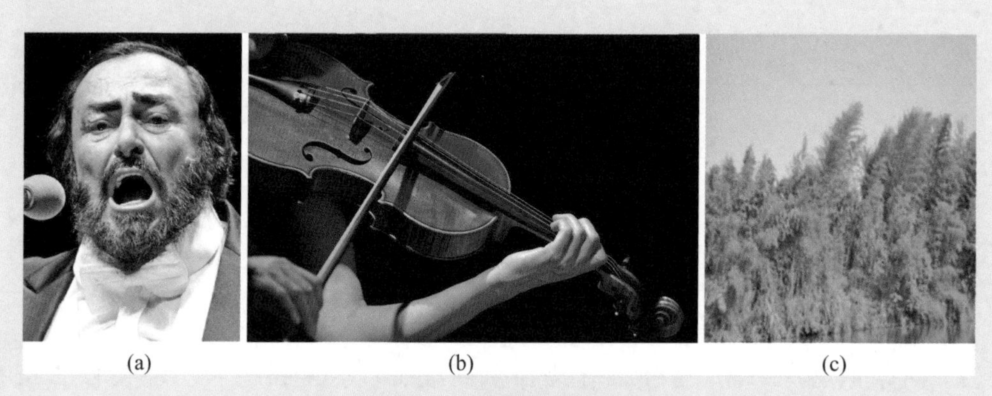

(a)　(b)　(c)

图 5-6　振动产生声音

众所周知,人的声音是从喉咙里发出的。其实,真正发生振动并且发出声音的是我们的声带(vocal cord)。

图5-7就是人类的声带。声带位于喉腔中部。声带中间有一条裂缝叫做声门(glottis)或声门裂,喉肌控制声带的紧张和松弛,以及声门裂张开的大小。当我们发声时,喉肌收缩,拉紧声带,使得声门裂变得十分狭窄。此时,气流通过狭窄的声门裂,就会猛烈地冲击声带,引起声带振动从而发出声音。

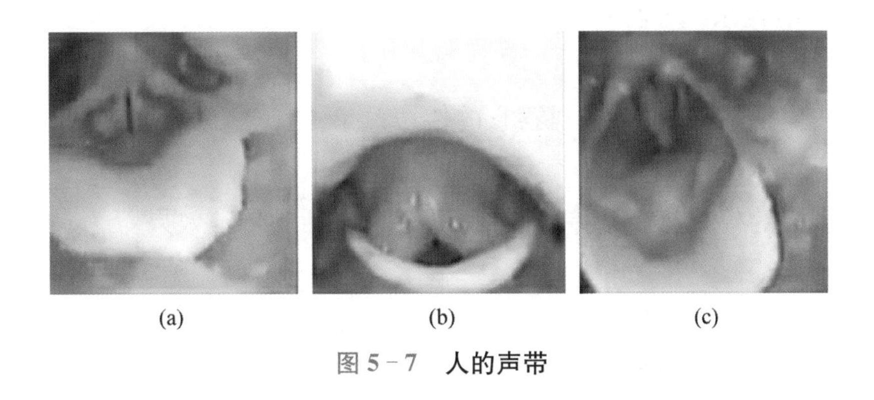

(a) (b) (c)

图5-7 人的声带

思考讨论

关于声音的本质是振动,还有什么问题吗?

同学们,你们要知道提不出问题,就是最大的问题。老师希望大家善于思考,善于质疑。要知道很多时候,问题往往比答案还重要!有了问题,才会有新的课题产生,才可能产生发明创造。

同学们也可以考考老师,看老师是不是提得出问题,你的老师是不是一位善于发现问题的老师。

5.2.2 声音的传播

通过前面的学习,我们已经了解发声的奥秘,现在来探究声音的传播。我们仍从土电话着手研究。在土电话的实验探究中不难发现,即便当一个人在发射端轻声说话,接收端也可以清楚地听到这个人讲的话。但是,如果把发射端与接收端连接的绳子剪断,接收端还能听清楚发射端的人讲的话吗?接下来的实验会对这个问题进行研究。

实验探索

土电话的传声

实验器材

纸杯，棉线，铜条，铁丝，头发，水，电线等。

实验步骤

(1) 将土电话的棉线剪断，观察它的传声效果：

____

(2) 将剪断的棉线打个结接起来后，观察土电话的传声效果：

____

(3) 如图 5－8 所示，分别将棉线换成铜条、铁丝、头发、水、电线，或者将这些材料分段连接，观察土电话的传声效果：

____

(4) 发声的物体在振动，我们一定能听到振动的物体发出的声音吗？

____

实验结果

上述现象说明了什么？什么样的材质可以传声？你又能得到什么样的结论？

____

____

____

通过上述实验的观察和总结，想必大家对声音的传播都有了一定的认识。那么，同学们能不能自己再设计一些其他的实验来论证自己的观点呢？

在我们的生活中，人们时时处处都与声音相伴。例如，检修工人利用固体能传声的知识，用金属棒监听地下水管是否漏水。“蓬头稚子学垂纶，侧坐莓苔草映身。路人借问遥招手，怕得鱼惊不应人。”这首诗描写的是钓鱼小儿怕路人说话的声音惊扰到水中鱼儿的场景。

思考讨论

同学们应该很向往太空生活，请思考为什么登上月球的宇航员，无论他们之间的距离有多近，也只能通过无线电进行联系？

总结上面的实验和现象，可以得出下面的结论：声音的传播需要媒介，这种媒介称为介质(medium)；传播声音的介质可以是气体、液体或固体。

但是，所有的气体、液体和固体均可以作为传播声音的介质吗？同学们可以思考讨论，思考讨论之后，要让事实说话。请设计实验来证明自己的观点。

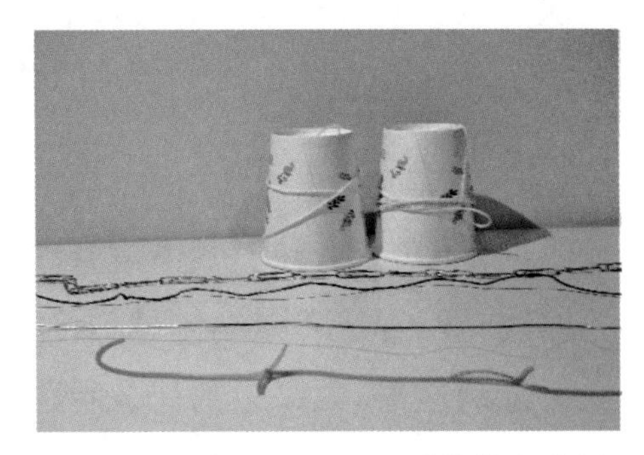

图5-8 尝试用不同材质线做土电话

实验探索 ▶▶

声音传播的必要条件

验证猜想

(1) ________________。

(2) ________________。

(3) ________________。

实验器材

____

实验步骤

(1) ________________。

(2) ________________。

(3) ________________。

实验结论

(1) ________________。

(2) ________________。

(3) ________________。

思考讨论

(1) 同学们猜想一下，宇宙中是万籁俱静，还是有声音？如何证明你的猜想？如何才能“听”到宇宙中的声音？

(2) 有时候我们会觉得屋子外面的声音太吵，应该如何消除那些声音呢？

5.2.3 声音的接收

到目前为止，我们知道声音需要通过介质进行传播。在土电话中，就是通过连接杯子的棉线将声音从发射端传导到接收端，最后再被我们的耳朵听到。

说到这里，大家想到什么问题？

思考讨论

(1) 同学们在做土电话的时候，土电话的接收端为什么和发射端一样？如果接收端和发射端不一样，可以吗？

(2) 接收端可以有效接受声音的条件是什么？

(3) 如何通过实验验证自己的观点？

(4) 耳朵是一种典型的接收声音的装置，它符合上面提出的"接收端可以有效接受声音"的条件吗？

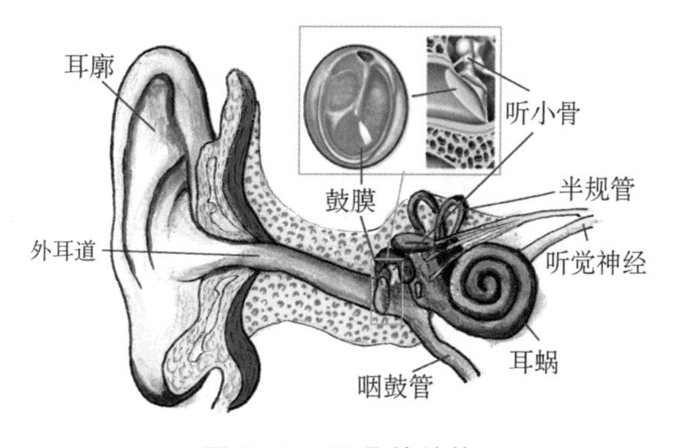

图 5-9 耳朵的结构

其实，耳朵是一种典型的接收声音的装置，我们是如何用耳朵听到声音的？又如何对声音做出确认的？

如图 5-9 所示，声音通过外耳道到达鼓膜，使鼓膜"闻声起舞"，进行振动。骨膜的振动带动听小骨振动，又通过听小骨传导到紧连的耳蜗上。耳蜗内壁长有许许多多的听觉细胞，能感受这些微小的振动。于是听觉细胞将振动信号转化为神经电信号，再经过听神经传递给大脑皮层的听觉中枢，这样大脑就会对声音做出反应。

对于那些患有耳疾并导致耳朵的正常生理机构发生损坏的人们，他们听声音是有障碍的，甚至听不到声音，这为他们的日常生活带来极大的不便，还可能造成一定的心理创伤。所以每个人都要保护好自己的耳朵，有一个良好的听力，才能聆听这个美好的世界。

耳朵是宝贵的听觉感受器。如果把耳朵堵住，我们还能听到声音吗？我们接下来将做这样一个实验。

骨传声

实验器材

棉线(80厘米),2把不锈钢调羹或叉子。

实验步骤

(1) 把调羹柄绑在棉线的中部,提起棉线两端,使调羹悬挂在下面。敲击调羹,仔细听音叉发出的声音。

(2) 将棉线两端分别绕在两手食指上,并用食指堵上耳孔,调羹悬挂在中间。

(3) 敲击调羹,你还能听到声音吗? 此时听到的声音与第一次听到的声音有什么不同?

实验现象

____

____

____

实验结论

除了耳朵,我们还可以用什么来听到声音?

____

____

____

通过上面的实验可以发现,把耳朵堵上,我们竟然也可以听到声音。声音是通过头骨、颌骨进行传导,最终被我们听到的。科学中把声音的这种传导方式叫做骨传导(osteoacusis)。一些失去听觉的人可以利用骨传导来听声音。据说音乐家贝多芬在耳聋后,就是用牙咬住木棒的一端,另一端顶在钢琴上来听自己演奏的琴声,从而继续进行创作的。

思考讨论

对于声音接收问题,同学们还有什么问题?

有同学们在研究了声音接收问题之后，对于听力损伤治疗的发展前沿很感兴趣，是否可以做个调研、相互交流？

§5.3 土电话中传的声波是纵波

我们已经初步了解声音是如何发出、传播和接收的，但是为什么土电话的棉线要紧绷才能传话呢？这就涉及棉线上传播的到底是什么？为什么紧绷才能传递？

声源(sound source)[①]振动发出声音，接收器振动让我们听到声音，可以推理得到棉线上传播的是一种振动，而且在棉线上的振动状态与声源振动的主要特征是相同的，否则听到的声音就________________________________。

在物理上，振动的传播称为波(wave)，所以土电话棉线传播的是________。

波可以分为横波(transverse wave)和纵波(longitudinal wave)两种。

请同学们仔细观察动画演示的4个截图(图5-10)，想象位于坐标原点O的珠子在向上、向下的振动过程中，是如何带动珠链上的其他珠子运动，从而使振动的状态向右传播。显然，可以看到波在传播的过程中的4个状态。

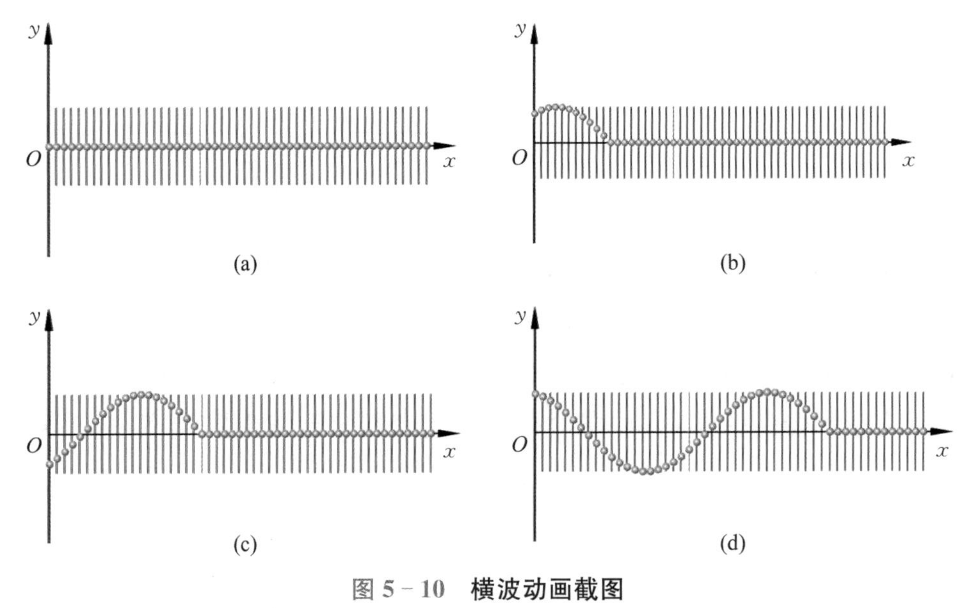

图5-10　横波动画截图

① 声源：正在发声的物体。

思考讨论

(1) 观察图5-10中整排珠子的运动方式是怎样的？如果只考虑其中一颗珠子，它又是怎么运动的？

(2) 振动的传播称为波，图5-10中振动的方向如何？波传播的方向又是如何？两个方向是否相互垂直？

接下来观察动画演示的5个截图(图5-11)，想象位于坐标原点O的线条在向左、向右的振动过程中，是如何带动其他线条运动，从而使振动的状态向右传播。显然，可以看到波在传播的过程中的5个状态。

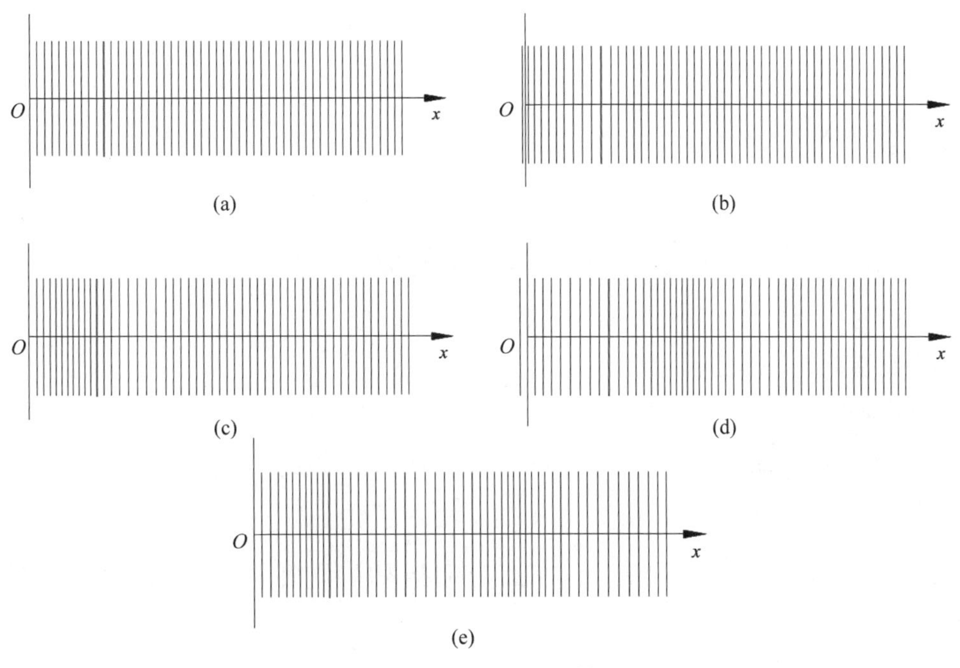

图5-11 纵波动画截图

思考讨论

(1) 在图5-11中，从线条整体来看，它们的运动方式是怎样的？如果只考虑每一根线条(如红色线条)，它又是怎么运动的？

(2) 比较图5-10和5-11两组图有什么不同和相同之处？

通过观察与想象可以发现，无论是珠子或线条整体，它们的振动形式是持续向右传播的。考虑单个点或者线，则是在一个固定范围内进行往返运动。这样振动形式的传播就叫做波。在生活中有很多关于波的例子。例如，当我们向平静的湖面扔一块石子，石子会在湖面上激起涟漪、形成水波。考虑将一小团水当作质元，它们只会在原点附近来回运动，即使水波中心石子激起的振动已经停止，但一圈圈的水波仍会向外传播。

图5－12　可以模拟横波和纵波的波动弹簧

进一步观察图 5－10 和图 5－11，可以发现，尽管图中描绘的运动方式都是波动，但它们所展现的波动状态并不相同。不难发现，图 5－10 和图5－11 展示的波动的传播方向都是向右侧，但是图5－10 中每颗珠子做________运动，而图 5－11 的每根线条则是在做________运动。物理中，把单个点振动方向和传播方向________的波叫做横波，而振动方向和传播方向________的波叫做纵波。如图5－10 所示为横波，而图 5－11 所示为纵波。

为了更形象地说明波的运动方式，接下来做下面的实验。

实验探索 ▶▶

波动弹簧的运动

实验器材

波动弹簧(图 5－12)。

实验步骤

(1) 在地面上，两人将波动弹簧水平拉开成一条直线，并使弹簧处于不松不紧的状态。

(2) 按照图 5－10 所示的方法，左右方向抖动波动弹簧的一端，观察它的运动方式发现：

____

(3) 让弹簧恢复成步骤(1)中一条直线的状态，按照图 5－11 所示的方法，前后推动波动弹簧的一端，观察它的运动方式发现：

____

实验结论

请大家根据观察到的现象，阐述横波和纵波的特征：

____

____

____

思考讨论

（1）有人说声波是纵波，你同意吗？有什么方法可以证明？

（2）既然声波是纵波，那是不是因为鼓膜的结构形态导致我们只有纵波才能听得见？

（3）是不是因为空气只能传播纵波，不能传播横波？

实验探索

还记得本节开头的问题吗？为什么土电话的棉线要紧绷才能传递声音？那是因为棉线上传递的是纵波。为什么棉线要紧绷才能传递纵波呢？

可以试试图5－13所示的两种不同方式手拉手：一种互相间隔比较松，另一种则是尽可能相隔更远、将手“绷紧”。体验哪种方式可以显得更有“弹性”，更能够把纵波传递下去。

图5－13　两种不同方式的手拉手

我们已经知道物体的振动能产生声音。当声源物体振动时，会进一步带动介质(通常是空气)的振动，进而使周围的空气产生疏密变化，如图5－11所示。这种疏密相间的形式向前传播，就形成声波。由于空气分子的运动方向与声波的传播方向一致，因此声音是纵波。

通过这一章的学习，我们知道声音是怎样产生和传播的，又是如何被我们听到的。我们还知道什么是声波、声波的特点等。除了声波，在自然界中还存在其他各种波，如我们看到的光就是一种波。还有其他的波吗？

我们列举出一些，请大家查阅相关资料，写出你对以下各种常见波的了解，并指出它们分别是横波还是纵波。

光波(optical wave)：______________________________；

电磁波(electromagnetic wave)：______________________________；

地震波(seismic wave)：______________________________；

水波(water wave)：______________________________；

绳波：______________________________。

第 6 章

设法看声音

第 5 章中我们研究了土电话，学习了关于声音的知识。声音能被“看到”吗？在这一章中，我们要“看看”声音的样子。声音有形状吗？怎么区分不同的声音？

§6.1 听声音看波形

空气是透明的，空气振动形成的声波，自然也是看不见、摸不着。为了便于研究和认识声音，聪明的科学家发明了一种方法，将声波转换成电信号，用图像记录声波的基本属性和不同声音的特性。这种图像叫做声波的波形图（oscillogram）。随着技术的进步，我们可以用电脑软件来处理和展示声波的波形。

思考讨论

图 6－1 中展示的就是两个不同声波的波形图，你能找出它们有什么不同之处吗？对比两张波形图，将你看到的不一样的地方写下来。

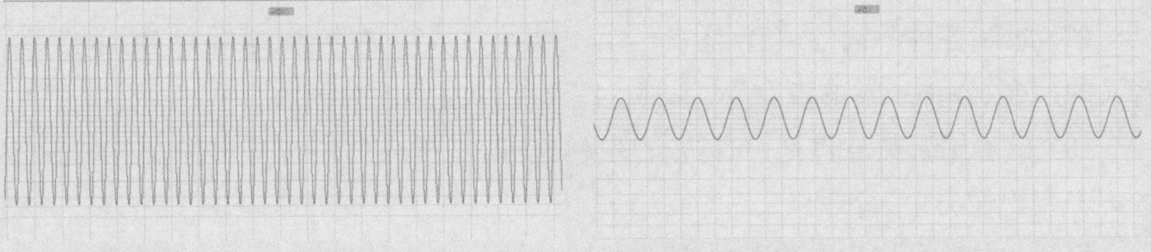

(a)　　(b)

图 6－1　不同的波形图

第 1 处不同：____；

第 2 处不同：____；
第 3 处不同：____。
……
这些不同之处代表声波有什么不同的物理特性？
为了找到声波的这些物理特性，我们一起来做下面的实验，看看能否从中找到线索。

实验探索 ▶▶

变换的波形图

实验器材

音频软件，人或各种发声器材。

实验步骤

(1) 认识音频软件的界面，如图 6-2 所示。

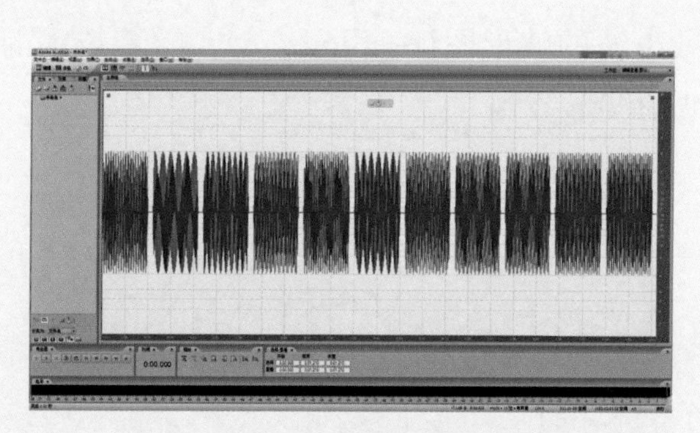

图 6-2　一种音频软件界面截图

图 6-3　录制声音波形图

(2) 录制各种不同的声音(图 6-3)，如男生和女生的声音、老师和学生的声音、音叉的声音、各种乐器的声音等，观察这些声音的波形图的异同。

(3) 试着用音频软件把声音进行变换，例如，把男人的声音变得像女声，把女人的声音变得像男声，等等。

提示：在观察与比较波形时，注意横坐标与纵坐标的设定。

实验现象

查看不同声音的波形图：

____

男同学声音的波形图特征：

____

女同学声音的波形图特征：

____

教师声音的波形图特征：

____

音调高时的波形图特征：

____

音调低时的波形图特征：

____

音叉的波形图特征：

____

乐器的波形图特征：

____

实验结果

上面这个实验是不是非常有趣？大家也从实验中找到一些规律：

如果声音变得____________，则波形变得“个子更高”；

如果声音变得____________，则波形变得更密集；

如果几个人说同一个字，各自的波形____________。

从声音不同的波形可以“看”到不同的声音特征，也初步总结了波形这些特征背后可能存在的物理特性。这些物理特性到底是什么呢？

§6.2 声音的响度

大家注意过手机侧面的音量键吗？通过调节音量键，可以让手机发出的声音变得更大或更小。声音的大小在物理学中被称作响度(loudness)，也可以叫音量。

响度的大小是如何界定的，又是如何测量的？

生活中常见的各种声音的响度是多少？

多小的响度我们听不到？多大的响度又会让我们难以承受？

这一连串的问题有趣吗？让我们逐一来探讨。

实验探索 ▶▶

一张纸的最大声音

实验器材

分贝仪，A4 纸。

实验步骤

(1) 认识并学会使用分贝仪；

(2) 利用一张 A4 纸制造出尽可能大的声音；

(3) 利用分贝仪记录响度，比较谁制造出的响度大。

实验结果

你制造出来的声音有多大？

____

你是怎么制作才使声音变大的？你能画出对 A4 纸的处理方法吗？

____

____

____

在上面的实验中，用来测量声音响度的仪器叫做分贝仪(decibel meter)。它是日常测量响度最常用的器材之一。之所以被叫做分贝仪，是因为响度的单位就是分贝(decibel)。

其实响度是一个很难定义的物理量。经过研究，科学家采用声压(sound pressure)作为衡量响度的标准。声波的本质是振动在介质中的传播，这个介质通常是空气，空气中的振动也表现为空气疏密的变化，进一步产生空气压强的变化。也就是说，声波的产生是在正常的大气压之上叠加了额外的、由声波振动引起的压强，这个压强称为声压。声压越大，说明空气振动越强烈，即声音响度越大。因此人们用声压来表征响度。

图 6－4　贝尔(1847—1922)，美国发明家和企业家

声压(或响度)的单位贝尔(Bel)，是为了纪念电话的发明人贝尔(图 6－4)而命名的。贝尔这个响度单位是声压比的对数[①]，因为贝尔这个单位太大，因此日常采用贝尔的 1/10(即分贝(dB))作为响度的单位。人能听到的最小响度为 0 分贝，而大于 120 分贝的声音可能会引起人耳失聪。

① 对数是在高中才会学到的一个数学概念，这里不作解释。

思考讨论

图 6－5 中给出日常生活中的一些场景，这些场景中的响度大约是多少？根据图 6－6 所示的典型响度示意图进行估计，然后再用手中的分贝仪进行验证。

(a)　(b)　(c)

图 6－5　一个人喊叫、快乐的活动现场、自制饼干盒六弦琴的响度分别是多少

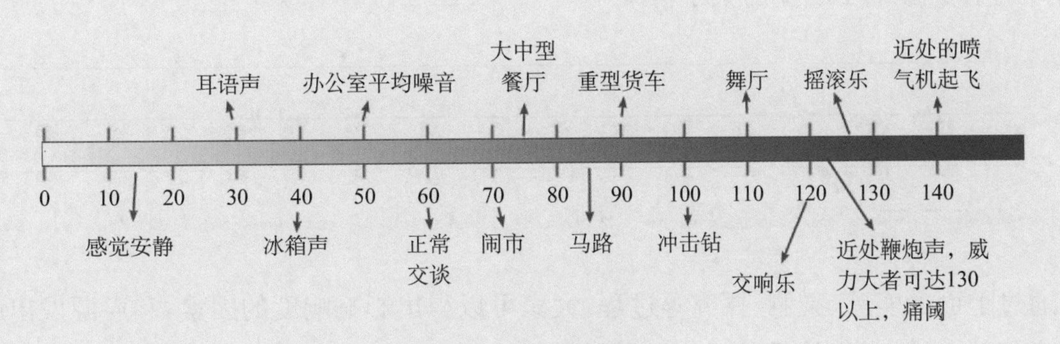

图 6－6　典型声级示意图

实验探索

是什么影响了响度

实验器材

分贝仪等。

实验步骤

(1) 相互讨论，把你认为能够影响响度的因素写在下面：

a. ______________________________；

b. ______________________________；

c. ______________________________。

……

(2) 请根据设想设计实验方案进行验证：

a. ______________________________;

b. ______________________________;

c. ______________________________;

d. ______________________________。

……

实验现象

在实验过程中，什么情况响度会变大，什么情况响度则会变小？

____

____

____

实验结论

是什么影响了响度的大小？

____

____

____

通过上面的实验、猜测、探究等过程，大家可以得出影响响度的因素，和声源发出的声音大小相关，也和声音传播时的能量损耗相关。在§6.2节的声波波形图中，声音响度的大小反映在波形图上就是波形的“高低”，物理学上称之为振幅(amplitude)。振幅表征振动物偏离平衡点的最大距离。对于声音来讲，振幅越大，则响度越大。

§6.3 声音的高低

§6.2节中研究的是声音的大小(即响度)，这一节就来探讨声音的高低。物理学中表征声音高低的物理量称作音调(tone)。通常情况下，所说的男性的声音比较低沉、女性的声音比较高扬，就是音调的不同。

思考讨论

图6-1声音的波形图曲线中，当音调高低改变时，曲线的________有所变化。用物理语言描述，曲线的________所表征的物理量叫做频率(frequency)。

声源发声源于振动，声源每秒振动的次数就叫做频率，频率的单位是赫兹(Hz)，是为了纪念德国著名物理学家赫兹而命名。仔细观察图6-1声音的波形图，频率越________，音调越低；频率越________，音调越高。

请描述音调的本质到底是什么？

根据科学家的研究发现，人类的耳朵可以听到的声音频率有一个范围，超过这个范围的声音，人类是听不到的。下面的实验就是测试你能听到的声音的频率范围。

实验探索 ▶▶

测测你的听力频率范围

实验器材

分贝仪，音频发生器。

实验步骤

(1) 利用音频发生器发出不同频率的声音；

(2) 记录你能听到的最高频率和最低频率的声音。

实验现象

在表6-1中记录你听到的频率。

表6-1 实验数据记录表

频率(赫兹)						
能否听到						
频率(赫兹)						
能否听到						
频率(赫兹)						
能否听到						

实验结果

实验测得的听力范围：

____

____

____

实验做完了，你得到自己的听力范围了吗？不同同学的听力范围相同吗？请大家查阅资料并讨论，影响人的听力范围的因素可能有哪些？

年龄是影响听力范围的一个很重要的因素。实验表明，一般人的听力频率范围在30～16 000赫兹之间，老年人则常在50～10 000赫兹之间。而蚊子飞过时嗡嗡嗡的声音频率在8 000赫兹以上，所以有的人能听到而有的人听不到蚊子飞过，就是因为人耳的灵敏度有所不同。当人的年龄越来越大时，耳朵对高频音就会越来越迟钝，甚至完全听不到。

接近或达到人类听力极限的高频声音，长期听会对人体造成危害。有些同学为了避免老师发现自己使用手机，就经常使用高频铃声，这会对听力及身体造成不可挽回的损伤。所以，那些想用高频音作为手机铃声、可以在上课时躲过老师的同学，如果不想提前耳聋，就不要再这样做了。

除了年龄，人的听力范围还和哪些因素有关？有人说响度可以影响听力范围，这是正确的吗？可以设计实验来验证说法的真伪。

§6.4 声音的个性

当两个同学用相同的响度和音调唱同一首歌的时候，你能区分出这两个声音的不同吗？我们来做个实验感受声音的个性。

实验探索 ▶▶

是你的声音吗

实验步骤

(1) 将全班同学分成若干组，每组请若干同学到讲台上。

(2) 全班其他同学转身背对讲台。

(3) 请台上的同学尝试用奇怪的声音朗读。

(4) 台下的同学尽力分辨出台上同学的名字，看看哪组同学分辨得最准，哪组就获胜。

实验记录

你能分辨出是哪位同学发出的声音吗？能分辨出几个人？

____

实验结果

你是靠什么来分辨不同人发出的声音呢？

同学们分辨出声音的来源了吗？大家又是靠什么来区分相同音调、相同响度的两个不同声音呢？

每个声音的固有特征称为音色(timbre)。再一次回到如图 6-1 所示的声音的波形图。不同的人或乐器等声源发出的声音的波形是不同的。其中，作为标准教具的音叉发出的声波波形是正弦波(sine wave)，其他波形则千奇百怪。音色的不同正是由于波形不同所造成的。所以，我们可以通过听音色来区分不同乐器、区分不同人的声音。例如，在嘈杂的人群中，幼儿可以分辨出父母的声音。

根据声音因人而别的特点，同学们是否想到可以设计声纹识别系统？通过识别和比对不同的音色来判断人的身份。当前，指纹识别、人脸识别和虹膜识别技术已经处于较为成熟的阶段，而声纹技术还在加紧研究中。

第 7 章

制造美妙的声音

前面的两章，我们听声音、看波形图。现在，我们要把目光聚焦于日常生活中常见的发声现象，探索这些现象背后蕴含的物理原理。通过探究这些现象的原理，制作属于自己的乐器并用它们演奏。

§7.1 研究八音盒

如图 7－1[①] 所示的八音盒制作精巧，深得大家尤其是女孩子的喜爱。

图 7－1　制作精良的八音盒

图 7－2　世界上最古老的八音盒

世界上最古老的八音盒由瑞士钟表匠安托·法布尔制作于 1796 年，约 10 厘米左右高，是一只圆角形八音盒，如图 7－2[②] 所示。其实，能发出美妙的音乐只是这个器物的附属功能，它原本是一枚印章，发声的功能原本只是为了让这枚印章更为独特。据悉，这个八音盒现在为日本京都岚山八音盒博物馆所藏。

① 图片来源：千图网共享图片。

② 图片来源：http://blog.sina.com.cn/s/blog_6dcf6e1c0100mpl2.html。

为什么八音盒能发出美妙的音乐声？图 7－3 中就是一款滚筒型八音盒的机芯结构，这个机芯是怎么发出美妙的旋律的呢？我们将八音盒的机芯拿在手上，八音盒发出的声音为何会变得很小？把它放在坚固的平面上后声音又为何变得响亮？

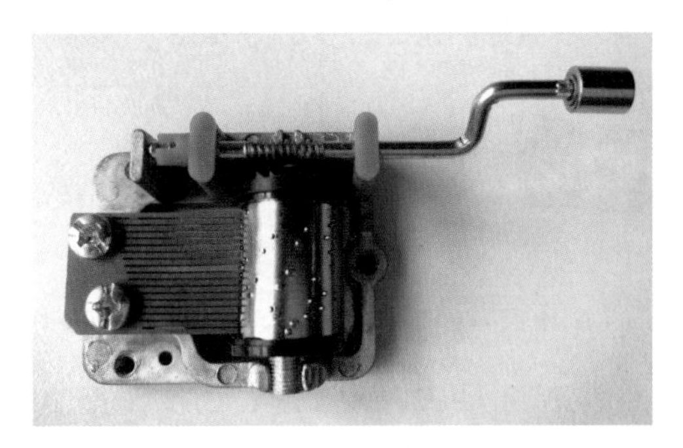

图 7－3 八音盒机芯

八音盒是怎么发出美妙旋律的

实验器材

滚筒型八音盒。

实验步骤

(1) 拆解滚筒型八音盒，取出机芯。

(2) 转动手柄，演奏音乐，同时观察八音盒的工作状态。

(3) 进一步观察八音盒的构造，解释其发音原理：

____

(4) 如果将八音盒放在不同的平面上，观察它发出的声音有什么异同。记录实验过程和思考结果：

____

实验现象

你的八音盒能发音吗？能发出几个不同的音阶呢？不同的放置平面对八音盒发音有无影响？

____

____

____

实验结果

请阐述八音盒能发出不同音阶的原理：

____

____

____

其实，八音盒千奇百怪，而且各有特色。在上海有个八音盒珍品陈列馆，位于浦东新区丁香路 425 号东方艺术中心演奏厅 4 楼。小小的陈列馆显得优雅高贵，展品巧夺天工，令人叹为观止。如果你去过，希望你能够向同学们介绍一下八音盒的悠久历史和众多品种。

§7.2 弦发出的声音

世界上的乐器种类繁多，小提琴悠扬，竖琴空灵，琵琶清脆，二胡婉转，吉他粗犷……不知大家是否注意到，上述乐器尽管音色各有千秋，但它们都属于同一类乐器，即弦乐器(string instruments)。

弦乐器因为音域宽、演奏技法灵活多样等特点，成为世界各地乐器中的翘楚。有“国乐之父”之称的中国非物质文化遗产古琴，与“西洋乐器之父”的钢琴同为弦乐器。按照演奏方法不同，弦乐器分为擦弦乐器、拨弦乐器和击弦乐器。各类提琴、二胡等，演奏时用弦弓摩擦弦，引起弦的振动从而发音，这类乐器为擦弦乐器；竖琴、吉他、琵琶等靠拨动琴弦发音的乐器，称为拨弦乐器；钢琴和扬琴是击弦乐器。总之，这些弦乐器都是用手或其他物体使弦振动而发音的乐器。

演奏弦乐器会产生不同音调的声音，这些不同音调的声音组成的序列在我们人耳听来就是悠扬舒悦的音乐。我们知道，声音的音调与频率有关，那么如何在琴弦上制造出各种频率的声音呢?

下面以吉他为例，来研究弦乐器是如何变调的。我们将设计一个简易的实验来模拟吉他的变调。

实验探索

吉他变调

实验器材

吉他弦，吉他拨片等。

实验步骤

(1) 观察吉他的局部细节(图 7-4)，猜测影响吉他音调的各种原因：

(a)

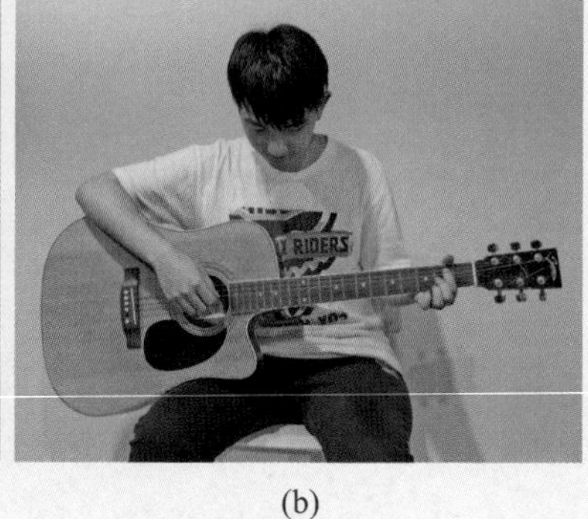

(b)

图 7-4　吉他

a. ________________________________;
b. ________________________________;
c. ________________________________;
d. ________________________________。
……

(2) 请根据自己的猜测设计实验内容，探究影响吉他发音的要素：
a. ________________________________;
b. ________________________________;
c. ________________________________;
d. ________________________________。
……

实验现象

将对吉他弦所做的调整，以及吉他弦音调的变化设计成表格，记录实验数据。

实验结果

分析改变影响吉他弦音调的主要因素：

____

____

____

通过上述实验，想必大家对影响弦音调的主要因素有了初步的了解：

吉他弦越________，弹奏出的音调越高；

吉他弦越________，弹奏出的音调越高；

吉他弦越________，弹奏出的音调越高。

……

现在我们对弦乐器的发声有了一定了解。这一章要求每位同学自制一个属于自己的乐器，通过前面的学习，大家对如何制作弦乐器有些想法了吗？

在音律的听觉效果上，虽然中国传统的宫商角徵羽五音系统与西方“1234567”七音在表现上有差异，但是不管东方还是西方，都特别关注声音的听觉和谐。

弦长和音调之间的对应关系有很多算法，下面来介绍其中的一种。

中国最初是用“三分损益法”，即：宫的原长为1，将原长损去1/3，剩下的2/3长度对应第2个音(2/3)；将该长度增加本身1/3的长度((2/3) * (4/3)＝(8/9))，对应的长度即是第3个音；再将前长损去1/3，得到第4个音((8/9) * (2/3)＝16/27)；将前长增加本身1/3的长度((16/27) * (4/3)＝(64/81))，得到第5个音。

共损益各2次，具体对应参见表7-1。

表7-1

谱名	西方音名	传统音名	长度损益	长度	计算顺序
1	dao	宫	1	1	
2	re	商	8/9	0.888 9	2增
3	mi	角	64/81	0.790 1	4增
5	sao	徵	2/3	0.666 7	1损
6	la	羽	16/27	0.592 6	3损

为了继续推到更多和谐的音调，《吕氏春秋》记载了“六次损益法”，在每阶之间基本上相差半度，得到表7-2中的十二律。

表7-2

谱名	传统音名	长度损益	长度	计算顺序
1	黄钟	1	1	
$1^{\#}$	大吕(lǚ)	2 048/2 187	0.936 4	7增
2	太簇(cù)	8/9	0.888 9	2增
$2^{\#}$	夹钟(jiā zhōng)	16 384/19 683	0.832 4	9增
3	姑洗(gū xǐ)	64/81	0.790 1	4增
4	中吕(lǚ)	131 072/177 147	0.739 9	11增
$4^{\#}$	蕤宾(ruí bīn)	512/729	0.702 3	6增
5	林钟	2/3	0.666 7	1损
$5^{\#}$	夷则(yí zé)	4 096/6 561	0.624 3	8损
6	南吕(lǚ)	16/27	0.592 6	3损
$7^{\flat}$	无射(yì)	32 768/59 049	0.554 9	10损
7	应钟	128/243	0.526 7	5损
i	清黄钟	262 144/531 441	0.493 3	12损

不过这种算法存在一个很大的问题，“三分损益”6次后，升i的弦长为0.493 3，而并非弦长减半的0.5。也就是说，十二律之间的半度升音是和谐的，一旦到达升降调时就出现问题了。明朝时，朱载堉采用$\sqrt[12]{2}$的12次幂的方法，12阶之后将弦长正好缩短为0.5，如表7-3所示。

表 7-3

谱名	传统音名	长度算法	弦长	谱名	传统音名	长度算法	弦长
1	黄钟	1	1.000 0	5	林钟	$(\sqrt[12]{2})^5/2$	0.667 4
$1^\#$	大吕	$(\sqrt[12]{2})^{11}/2$	0.943 9	$5^\#$	夷则	$(\sqrt[12]{2})^4/2$	0.630 0
2	太簇	$(\sqrt[12]{2})^{10}/2$	0.890 9	6	南吕	$(\sqrt[12]{2})^3/2$	0.594 6
$2^\#$	夹钟	$(\sqrt[12]{2})^9/2$	0.840 9	$7^\flat$	无射	$(\sqrt[12]{2})^2/2$	0.561 2
3	姑洗	$(\sqrt[12]{2})^8/2$	0.793 7	7	应钟	$\sqrt[12]{2}/2$	0.529 7
4	中吕	$(\sqrt[12]{2})^7/2$	0.749 2	$\dot{1}$	清黄钟	1/2	0.500 0
$4^\#$	蕤宾	$(\sqrt[12]{2})^6/2$	0.707 1				

大家掌握了弦长的计算方法，就可以在乐器中应用这个知识。

§7.3 敲打的乐章

生活中还有很多乐器是用敲击的方法来发音的，如锣、鼓等打击乐器。鼓是膜鸣乐器，奏乐时打击蒙在鼓上的膜，膜振动从而发声。有的打击乐则是打击乐器，乐器自身振动从而发声，如锣、木鱼和编钟等，这一类乐器被称为自鸣乐器。图 7-5 所示为简易木琴，它是由有次序排列的长方形金属块组成的乐器。演奏时以木质的小锤在金属块上敲击，金属块便发出相应的乐音。木琴能发出不同频率的乐音的奥秘何在？我们一起来探究吧。

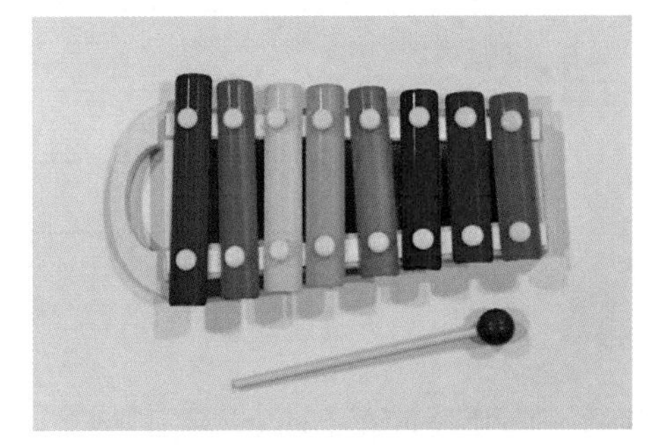

图 7-5 简易木琴

实验探索

简易木琴的音阶

实验器材

简易木琴，尺等。

实验步骤

(1) 观察简易木琴，猜测影响木琴音调的各种原因：

a. ______________________________；

b. ______________________________；

c. ____。

……

(2) 请根据猜测设计实验内容，探究影响发音的要素：

a. ____；

b. ____；

c. ____；

d. ____。

……

实验现象

哪些因素影响木琴的发音，你都观察到哪些现象，请记录在下面。

____

____

____

实验结果

可以影响木琴音调的因素：

____

____

____

通过上面的研究大家了解了木琴发出不同音调的原理。通过模仿木琴的原理，大家可以用身边常见的器物演奏出美妙的音乐吗？比如，常见的漂流瓶。大家能否想想办法，让平凡的小瓶子演奏出不同的乐音，甚至制作出一个简易的打击乐器呢？

实验探索 ▶▶

会唱歌的瓶子 1

实验器材

漂流瓶，水等。

实验步骤

根据所给的材料，也可以选取其他材料，自己设计实验，探究瓶子发出不同音调的原理，尝试制作简易乐器(参考图 7－6)。

(1) ________________________________

图 7－6　会唱歌的瓶子 1

____。

(2) ____。

(3) ____。

实验现象

____

____

____

实验结果

____

____

____

同学们是不是觉得音乐无处不在？发挥你的想象，利用生活中的道具，做出意想不到的乐器。

§7.4 吹出管子变奏曲

乐器中有很大的一个门类是管乐器，如小号、圆号、笛子、箫等。这种乐器是怎么发声的呢？我们可以用简单的实验来模拟一下。如果你的吸管能够“唱歌”，请讨论吸管的发声原理。

实验探索 ▶▶

会唱歌的吸管

实验器材

吸管，剪刀等。

实验步骤

(1) 如图7-7所示，将吸管放入嘴中，并向外吹气，试试吸管能否发出声音。如果不能发声，注意调整。

(2) 当吸管吹响时，仔细听听这个声音。

(3) 将吸管剪掉2厘米，观察吸管发出的声音与之前是否相同。

图7-7 会唱歌的吸管

（4）再剪掉 2 厘米，听听吸管发出的声音又有什么变化。

……

实验现象

每一次剪裁，吸管的声音都发生了怎样的变化？记录制作过程和实验现象。

____

____

____

实验结果

你从中得出了什么结论？

____

____

____

大家现在知道了吸管发声的原理。其实乐队中管乐器的发声原理与吸管发声大同小异。各位同学中有没有参加学校管弦乐队的？能不能给大家介绍一下乐队中都有哪些管乐器？它们各自的发声原理是怎样的？

通过上面的实验，想必大家初步弄清管子发声的原理。与吹管子相类似，管乐器发出不同音调的声音的基本原理也取决于管腔中空气柱的长度。还记得我们之前用过的漂流瓶吗？我们是通过敲击的办法使它们发出不同音调的声音。请大家能否运用不同的方式让漂流瓶发出美妙的音阶呢？

实验探索 ▶▶

会唱歌的瓶子 2

实验器材

漂流瓶，水等。

实验步骤

根据所给的材料，也可以选取其他材料，自己设计实验，探究向瓶子吹气时发出不同音调的原理，尝试制作简易乐器（参考图 7－8）。

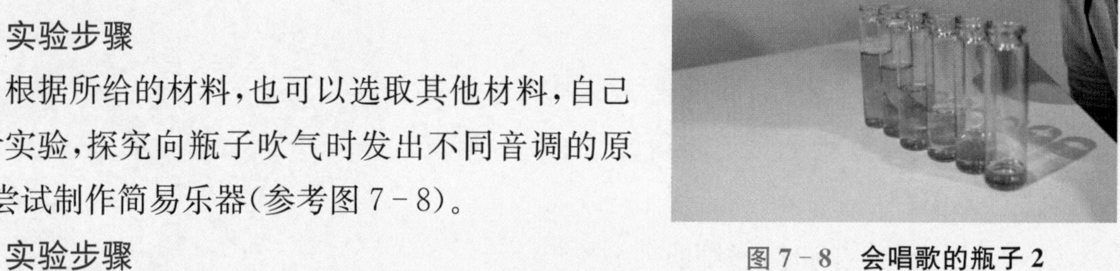

图 7－8　会唱歌的瓶子 2

实验步骤

（1）______________________________。

（2）______________________________。

(3)____。

实验现象

____

____

____

实验结果

____

____

____

水哨，俗称“水咕嘟”或“水鸡儿”，如图7－9所示。向水哨的肚子里灌些水，从尾部往里一吹，便发出叽叽咕咕好听的声音，好像是鸟儿的叫声。

我们的祖辈和父辈可能玩过水哨，我们这一代人可能就不一定了。能不能利用吸管等材料，制作一个简易的水哨，体验爷爷奶奶、爸爸妈妈童年的乐趣呢？

图7－9 水哨

§7.5 甩管子 烧管子

7.5.1 甩管子

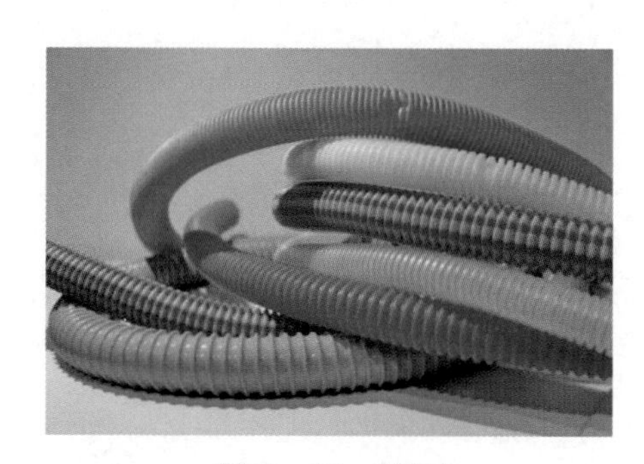

图7－10 管子

如图7－10所示，将一根洗衣机出水管拉直后，用手握住一端用力地甩，管子会发出难以描述的、还蛮好听的声音。请注意在甩管子的过程中，当甩管子的速度不同时，管子发出的声音也不太一样。

常见的洗衣机出水管能发出这样奇妙的声音，是不是很有趣？对于这个简单的现象，同学们是否弄清它的发声原理呢？

思考讨论

甩管子为什么会发出声音？

甩管子发出声音音调的高低是由什么因素决定的？

仔细观察管子的形态、长度等特征，提出自己的猜想。随后请大家动手验证自己的猜想，并探究其中的奥秘。特别提醒在甩管子时，请一定注意自己和周围的环境，以免造成危险。

甩管子变奏曲

实验器材

各种不同的管子。

实验步骤

(1) 请仔细观察管子，分析是什么因素导致管子发声，是什么原因导致管子发出的声音有不同的音调。写下你的猜想：

a. ______________________________；

b. ______________________________；

c. ______________________________。

(2) 请根据你的猜想选择图 7-11 中不同的管子设计实验内容，进行实验。

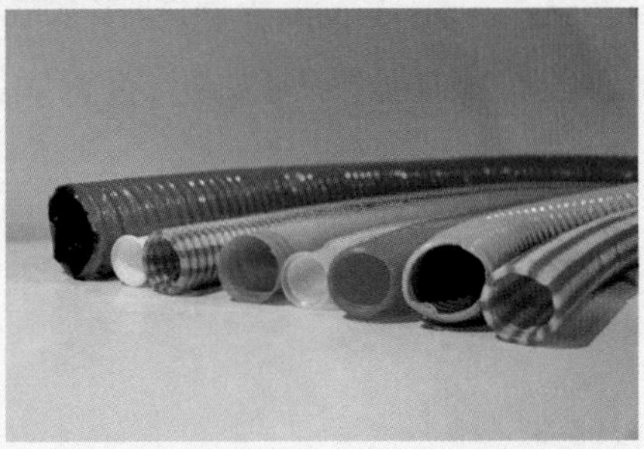

图 7-11　不同的管子

实验现象

____

____

____

实验结果

甩管子能发出声音的原因是______________________________；

影响管子发出声音音调的因素是______________________________。

思考讨论

甩管子会发出不同频率的声音，与吹奏管乐有什么不同？又有什么相同？

7.5.2 烧管子

图 7－12 所示的实验有一点危险性，请同学们仔细观看老师的操作，并进行思考。将铝合金管子平放，在管子的下端塞上铁丝网，用火烧红。见证奇迹的时刻到了，将管子立起来，看看接下来会发生什么？

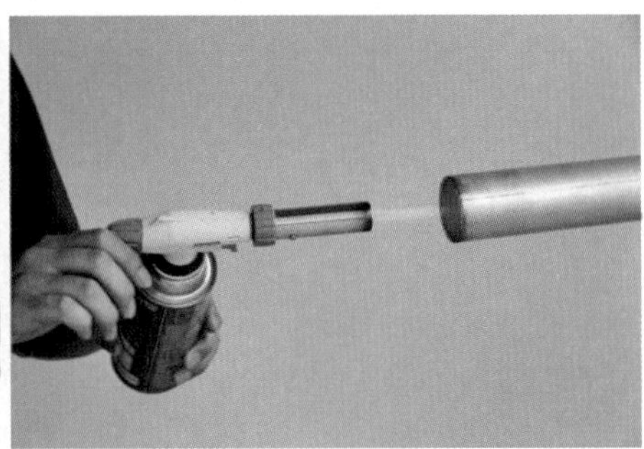

图 7－12 烧管子发声实验

思考讨论

在实验过程中听到什么？观察到什么？

你能说说这个现象产生的原因吗？

大家刚才所看到的烧管子发出声音的现象叫做热致发声（heat-driven vibration），实验示意图见图 7－13。热致发声现象首先是由 18 世纪欧洲的吹玻璃工人注意到的。当一个热玻璃球连接到一根中空玻璃管上时，管子有时会发出声音。1959 年黎开（Rijke）用烧热丝网替代火焰，产生更巨大、更长久的发声效果。所以，热致发声现象又叫黎开现象，这根管子又叫黎开管（Rijke Cube）。

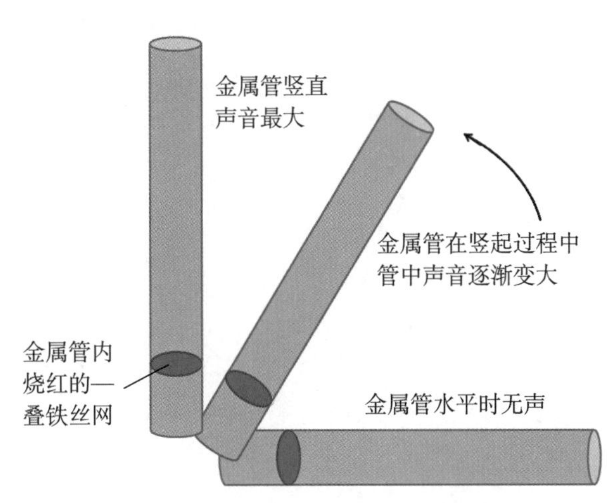

图 7－13 黎开管发声示意图

思考讨论

(1) 黎开管发声的原因是什么？

(2) 哪些因素能影响黎开管，让它发出不同的声音？

第 8 章

玩透竹知了

第 7 章我们研究了很多乐器及其发声原理，也亲手制作了属于自己的简易乐器，同学们一定收获颇丰吧！在这一章中，我们将会探究更加复杂的声学现象，希望大家能够对声音有更深层次的认识。

我们就从竹知了开始吧！

§8.1 竹知了哪里值得研究

在很多旅游景点的摊贩手中会出现竹知了玩具。竹知了的外形如图 8－1 所示，一根小木棒上绑上尼龙丝或细线，尼龙丝另一端连接一个空心的竹筒，竹筒被装饰成知了的模样。手握小木棒甩动竹知了，让竹知了在头顶上快速作圆周运动，会发出“嗡嗡”的声音，很像自然界中知了的鸣叫声。

大家是不是觉得竹知了很简单呢？它真的这样简单吗？

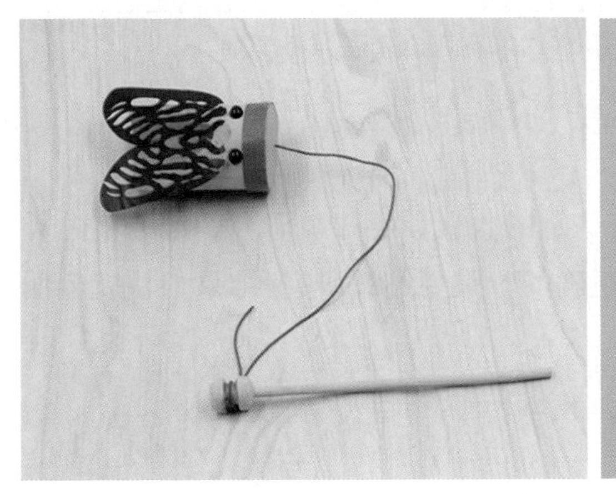

(a)

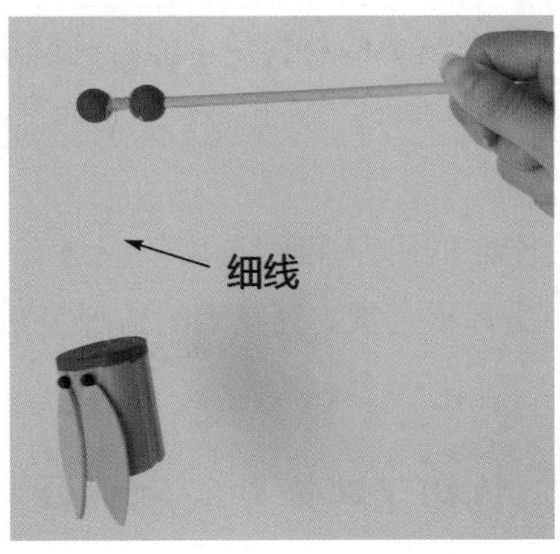

(b)

图 8－1　竹知了

思考讨论

(1) 玩一玩竹知了玩具，思考竹知了哪里值得研究。

(2) 观察竹知了，思考应该如何研究竹知了。

(3) 竹知了的哪些部位可以略微变动且复原，使它丝毫不会损坏?

实验探索 ▶▶

竹知了为什么会叫

物体为什么会发声？是因为振动！

要求不破坏竹知了，分析下面的问题，并用实验验证你的猜想，验证后要求写出实验报告。

(1) 竹知了的哪一部位发生振动?

____

(2) 如何使竹知了振动起来?

____

(3) 竹知了只要有某部位振动，就会“嗡嗡”作响吗?

____

实验所需要的材料尽可能自己解决，实在有困难可以请老师帮助。

通过刚才的研究探索，同学们应该有一定的收获。要知道研究的结果有时并不重要，研究的经历却很宝贵。究竟谁的猜想是正确的？只要继续研究，结果很快就会明了。

§8.2 竹知了叫声的特别之处

现在，让我们再来仔细倾听竹知了的叫声，听听它有什么特别之处?

实验探索 ▶▶

发现匀速旋转的竹知了的声音

实验器材

竹知了，____。

实验步骤

采取不同的旋转面匀速转动竹知了，听声音是否为不变音调。

实验现象

(1) 在水平平面转动竹知了，音调是否不变：

____

(2) 在竖直平面转动竹知了，音调是否不变：

____

实验结论

____

____

____

通过上面更细致的观察，想必大家发现竹知了转动时的叫声时而高昂，时而低沉。再结合竹知了飞行的方向，可以得出这样的结论：当竹知了飞近时，它的声音变得________；当它飞离时，声音变得________。

其实，匀速转动的竹知了本身应该发出同一个音调的声音。但是当竹知了向我们飞近时，会让我们听起来觉得声音音调变高，反之，当它远离时音调变低。这一现象是多普勒(图8-2)发现的，所以又被称为多普勒效应(Doppler effect)。

图8-2　多普勒(1803—1853)奥地利物理学家，数学家和天文学家

如果飞机飞得比较低、轰鸣声很明显时，注意听飞机的轰鸣声，当飞机在头顶掠过、远离时，可以听到轰鸣声明显变得更为沉闷。这就是多普勒效应的体现。

如果遇到飞驰而来的救护车，第一反应当然应该是赶快让路，随后可以在路边听到多普勒效应在飞驰而过的救护车警示声的体现。

多普勒效应在竹知了这个小小的玩具上都有所体现，不知道大家是否会觉得这个规律的作用不大？其实不然，多普勒效应还能够帮助我们了解宇宙。

宇宙有多大？它还会长大吗？还是在缩小或者不变？这一直是困扰科学家的一大难

题。通过各种天文设备，可以检测到其他星体发出的电磁波(electromagnetic wave)。根据多普勒效应，当星体飞向我们时，我们接收到的电磁波频率应该变大，反之则变小。由于在可见光范围内，红光频率低，而蓝光频率高。因此，飞向我们的星体产生的多普勒效应又称为蓝移(blue shift)，飞离我们的则叫红移(red shift)。

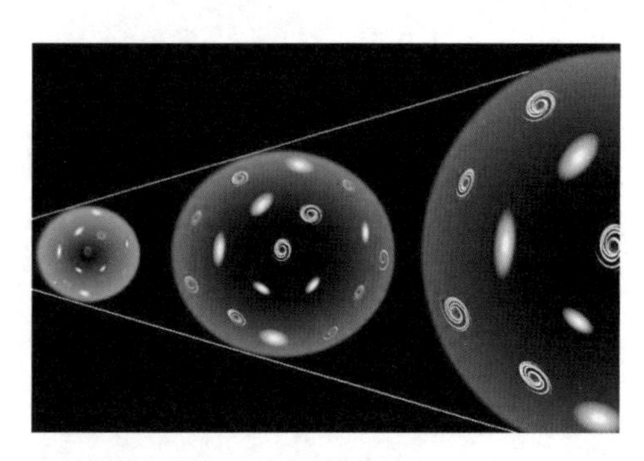

图8-3 宇宙在膨胀、星系在相互远离的示意图

经过科学家的反复观测，发现太阳系外的所有恒星都发生了红移。也就是说，所有的恒星都在飞离我们。于是科学家们终于得出结论：宇宙在不停地膨胀中。宇宙在膨胀，所有星系在远离我们而去(图8-3[1])。

听了这段科学探索历程，大家是否还觉得竹知了很简单？其实只要认真观察，身边那些看上去很简单的事物都能教会我们很多"高大上"的知识。

§8.3 竹知了上的自激振动

我们已经接触过竹知了，想必大家对它的变奏曲印象深刻。不知道大家是否觉得竹知了只能告诉我们这些物理知识？事实上远不止这些。现在请大家回答，"竹知了是怎么发声的?"相信你一定会说："前面已经研究过。"我们真的已经研究清楚了吗?

竹知了为什么会叫

实验器材

竹知了。

实验步骤

(1) 如图8-4所示，将竹知了的尼龙丝套在杆子的两个小球之间，转动竹知了。

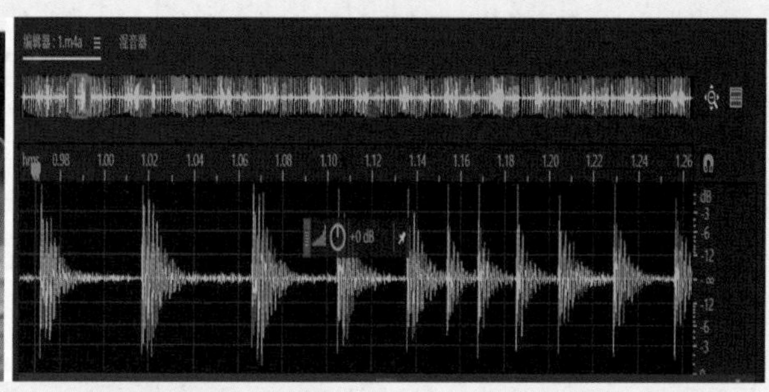

图8-4 竹知了实验及其研究

① 图片来源：http://tieba.baidu.com/p/3614374058。

(2) 仔细观察并聆听，分析竹知了发声的原理。

____

(3) 捏住竹知了的绳子进行转动，观察竹知了是否还会发声。

____

(4) 将竹知了的尼龙丝套在杆子的两个小球之下，转动竹知了，观察其是否还会发声。

____

实验结果

从中你能得出什么结论？

____

____

____

实验做完了，想必大家已经发现竹知了发声的关键因素，就是摇杆上两个圆球之间涂抹的那层有些发涩的物质。这些物质通常是松香，或者和松香类似的摩擦系数较大的物质。当尼龙丝绕着这种物质旋转时，由于摩擦力很大，产生了自激振动(self-excited vibration)。这种振动就是竹知了发声的源泉。接下去声音通过连接线传导到竹筒，再由竹筒将声音放大，于是我们就听到响亮的“蝉鸣”声。

同学们还能发现生活中依靠自激振动而发声的其他例子吗？大家知道二胡表演者在演奏前为什么要在弓弦上擦拭松香呢？没错，这又是一个自激振动的例子。松香可以使琴弦和弓弦直线的摩擦力增大，这样当演奏者拉动弓弦时，二者摩擦就会产生自激振动，这种振动再经过箱体将声音放大，就让我们听到二胡发出的圆滑、响亮的音乐。

自激振动的例子还有很多。大家是否在很多旅游景点中都看到过图 8-5 所示的这种铜盆，铜盆壁上刻有 4 条鲤鱼或 4 条龙，因此又被称为鱼洗或龙洗。当你用手有节奏地摩擦盆边两耳时，盆内的水会产生波纹，甚至翻起水花。水花产生的部位通常在鱼嘴或龙嘴的位置，就像鱼或龙在喷水，十分有趣。鱼洗或龙洗是中国古人智慧的结晶。

图 8-5 鱼洗

同学们是不是已经跃跃欲试了？看看你能不能把鱼洗摩擦出水花？

实验探索

通灵鱼洗

实验器材

鱼洗，水。

实验步骤

(1) 将手洗干净，鱼洗盆内装入适量的水。

(2) 双手来回摩擦鱼洗盆边的盆耳。

实验现象

你的鱼洗响了吗？你的双手有什么感觉？为什么要先洗手呢？不洗手又会怎样？

____

____

____

实验结果

从中你能得出什么结论？

____

____

____

大家是否成功地让鱼洗喷出水花？请相互讨论，说说鱼洗喷水现象背后的奥秘。（提示：这和自激振动有关。）

要想把鱼洗喷水的原理讲清楚，除了需要自激振动的知识，还要了解波的叠加原理。图 8-6 模拟的就是波的叠加过程。当两列波从不同方向传来并汇聚到一起时，由于汇聚点接收了来自两列波的能量，因此振幅变得更大，其大小为原来两列波的叠加。

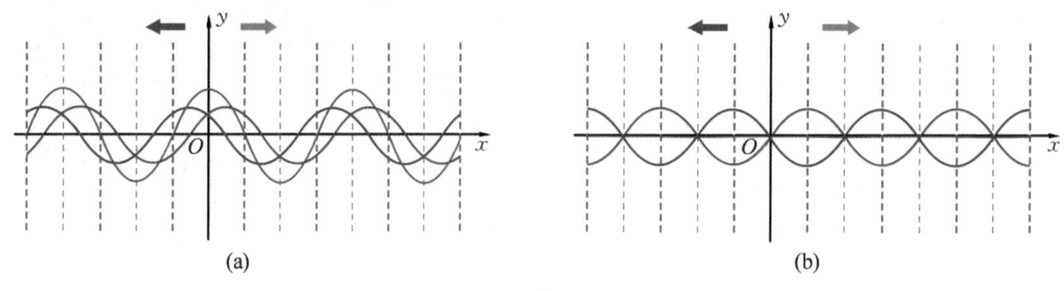

图 8-6　波叠加的示意图

在鱼洗实验中，由自激振动引发的水波在盆里产生叠加。在叠加强度最大的部分，水被弹了起来，形成水花。人们找到产生水花的部位，并对应地在盆底刻上鱼的图案，就形成了我们所看到的鱼儿喷水的现象。

中国的古人是不是很聪明？大家还能根据学到的知识制作出哪些有趣的物件？秀出你的作品，让大家刮目相看！

§8.4 竹知了上的谐振腔和共振

竹知了上的竹筒是一个小小的谐振腔。这样的谐振腔在很多乐器上都有，如果去掉了这些谐振腔，振源发出的声音就会小了很多。声源发出的声音经过谐振腔体或其内部空气的共振(resonance)，从而使声音放大。让我们探究有关声音中的共振现象吧。

8.4.1 你能叫碎玻璃杯吗

我们常用“震耳欲聋”来形容声音很响，也往往会在一个人的声音很大时说，“你的声音好大，玻璃都要被你震碎了”。大家可能也在影视作品里看到有人对着高脚杯叫喊，结果高脚杯应声而裂。声音大真的能把玻璃杯叫碎吗？图 8-7 就是一个被喇叭叫碎的酒杯①。但是高脚杯被叫碎的原因仅仅只是因为声音大吗？

图 8-7 喇叭叫碎的酒杯

思考讨论

为了解释这个现象，我们先从荡秋千说起(图 8-8②)。荡秋千的时候人坐在踏板上，由其他人顺着秋千的运动方向推或拉一把，如果节奏掌握得好，秋千就会荡得越来越高。

(a)

(b)

图 8-8 荡秋千

① 图片来源：“声音震碎酒杯实验”，梁振华，《物理实验》，2011 年 9 月。
② 图片来源：http://news.cri.cn/gb/19384/2011/09/11/3245s3368523.html。

对于骨灰级玩家来说，还有更高超的玩法。唐朝高无际在《汉武帝后庭秋千赋》中详细描述了这种玩法："乍龙伸而蠖屈，将欲上而复低，擢纤手以星曳，腾弱质而云齐。一去一来，斗舞空中花蝶，双上双下，乱晴野之虹霓。轻如风，捷如电。"这段文言文大体上是说荡秋千的人，在秋千荡到最低点时蹲下去、最高点时站起来，不用他人帮助，凭一己之力就能使得秋千越荡越高。这是为什么呢？

如果大家善于归纳和总结的话，很快就能发现问题的关键所在。那就是无论有没有人帮忙，想让秋千越荡越高，节奏都要把握好。秋千的摆动有一个固有的节奏。人何时蹲下、何时站起、何时让他人推动，都要符合这个节奏，秋千才会越来越高。

这是个什么样的节奏，如何把握这个节奏呢？我们一起来做个实验。

实验探索 ▶▶

声音是如何"传染"的

实验器材

两个相同的带谐振箱的音叉，调频器。

实验步骤

(1) 将两个音叉并排摆放在一起。如何并排摆放，也需要研究。

(2) 敲击其中的一个音叉，听另一个音叉是否会有声音。

(3) 给其中任意一个音叉调频，再敲击看看能否还能听到声音。

实验现象

在什么情况下第 2 个音叉会响，在什么情况下它不会响？

____

____

____

实验结果

从中你能得出什么结论？

____

____

____

在物理学世界中，上面的这个现象被称作共振。要了解共振，首先需了解物体具有固有频率（natural frequency）的概念。

图8－9 伽利略（Galileo Galilei，1564－1642），意大利数学家、物理学家、天文学家

每一个振动的物体都有一个固有频率，这个频率取决于物品本身的特性。善于观察、思考的年轻的伽利略（图8－9），发现教堂吊灯摆动时具有等时性。他在回家后又做了不同长度的摆的实验，发现它们在摆动时都具有等时性，即这些物体都具有自己特有的振动频率——物体振动的固有频率。也可以说，伽利略是有记载的第一个发现物体固有频率的人。

当外界对物体施加带有一定频率的力时，物体会在外界周期力的施加下受迫振动。如果外力频率接近或等于物体的固有频率，物体的振幅将明显大于施加其他频率的外力时产生的振幅；如果外力频率精准等于物体的固有频率，且持续施加上去，物体的振动就会不断加剧，以致达到被损坏的程度，这就是共振现象。

现在同学们能解释秋千越荡越高的秘密了吗？

本节开头我们提到声音叫碎高脚杯的现象。现在大家知道这个现象产生的原因了吧？

思考讨论

为了能够叫碎高脚杯，你必须在大叫之前做好哪些准备工作？同时你还必须具备什么本事？

8.4.2 大海的声音

同学们有没有在海边捡贝壳或者捡海螺的经历？传说当把海螺贴在耳朵上时，里面会有“大海的声音”，如图8－10所示。你很向往吗，此时此地我们就能复制这类声音。不过要告诉你的是，这并不是大海的声音。

这一节要讲的是声音的共振。大家能否用已经学过的知识解释“大海的声音”产生的原因？我们先来做个实验。

(a)

(b)

图 8－10　听海螺的声音

实验探索 ▸▸

不要以为管子要吹、要敲、要甩、要烧才能发出声音，你什么也不干，只要把耳朵凑近管口，奇迹就会发生。

听管子

实验器材

大大小小、长长短短、不同材质的管子。

实验步骤

(1) 听不同管子发出的声音，体验各种管子发声的频率。

(2) 每位同学提出关于管子发声的假想，讨论出大部分同学觉得有道理的几个假想，并设计验证这些假想的实验方案。

(3) 讨论如何进一步研究管子发声的规律需要哪些器材，并设计实验方案。

(4) 每位同学写下上述关于管子发声的原因和规律的研究方案，准备器材，进行深入研究。

(5) 根据研究结果设计教具作品，供学弟学妹们学习。

实验发现

____

____

____

思考讨论

(1) 你在听管子的时候,有没有想到管子和海螺有不同?它们的不同在哪里?最关键的不同是形状?还是内部体积?或者是其他因素?

(2) 在学习共振的知识点时提及听管子和听海螺,是不是有点奇怪?是不是听到的声音和什么振动发生了共振?如果是,这个振动来自哪里?

8.4.3 共振的利用

上面的实验探索需要大家开动脑筋,克服困难,动手研究,如果能够研究清楚,接下来的音乐欣赏就不再单单是艺术欣赏,而是能够理解科学奥秘的科学欣赏!请欣赏拖鞋拍打管子的美妙音乐(图 8-11[①])。

欣赏音乐之后,可能有不少同学跃跃欲试,回家找管子、找拖鞋,学着视频中的牛人用拖鞋拍打管子奏乐。友情提醒:不要随便抓起一只拖鞋就使劲拍哦!什么样的拖鞋才合适奏乐,要想清楚!不然家里的拖鞋全部拍断,爸爸妈妈会生气的。

(a) (b)

图 8-11 拍打水管奏乐

共振的原理早就被我们的先贤发现了。2 500 年前的春秋战国时代,就有了利用共振原理制作的听瓮(图 8-12)。所谓听瓮,是一种口小腹大的罐子。使用时将听瓮置于地面上,瓮口蒙上一层薄的皮革。当人侧耳伏在皮革上时,周边的微小动静都可以被明显地感知。《墨子·备穴》中就有对听瓮的制作和使用方法的详细描述。

图 8-12 听翁

① 图 8-11 所对应的视频分别来自:(a)优酷视频,牛人街头用人字拖与管道酷炫演奏;(b)哔哩哔哩视频,水管也能玩得这么厉害。

这个发明最主要的应用就是打仗时侦察敌方动静。比较有名的战例发生在清末太平天国战争末期。当时曾国藩率领的湘军攻打太平天国都城天京(今南京)时,守城的太平军就在城墙脚下埋设听瓮,侦探城外敌军的动静,导致湘军一时无法取得胜利。

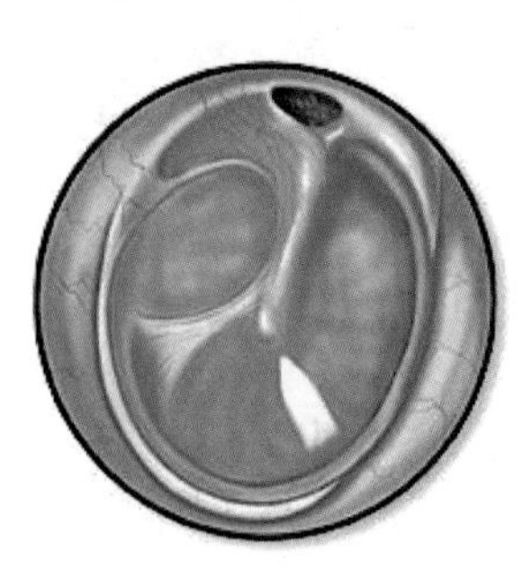
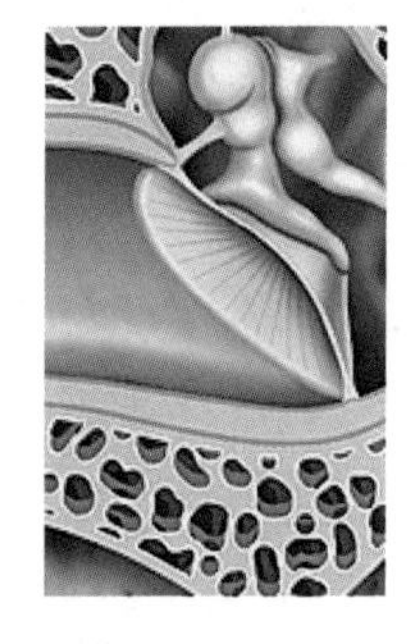

图 8-13 鼓膜正面侧面示意图

其实不必舍近求远,我们自己的身体就有精巧的共振体,那就是耳朵。外界的声音传到耳朵时,响度可能已经很低了,但是耳朵中的鼓膜(图 8-13)可是个利用共振原理的响度放大器。只不过和其他共振系统相比,鼓膜选择频率的范围很宽。这是因为鼓膜的形状是锥形的,各个部分的固有频率不同,对于不同频率的声音,鼓膜不同的部位进行共振,所以,它能感受到比较宽泛的声音频率。

思考讨论

(1) 共振还有哪些应用?

(2) 现在再来谈谈对"竹知了上的竹筒是一个小小的谐振腔"的理解。

(3) 试着自己做几个竹知了(做成不同大小和形状的谐振腔,甚至不要谐振腔),听听效果如何,与同学们交流研究结果。